UNE VISITE

A

L'ABENDBERG.

PAR

Le Docteur SCOUTETTEN,

Président de la Société des Sciences médicales
de la Moselle, Officier de la Légion d'Honneur, Chef de l'hôpital
militaire de Metz, Membre correspondant de l'Académie impériale
de médecine de Paris, des Sociétés savantes de Berlin, Copen-
hague, Gênes, Toulouse, etc.

Seconde Édition.

BERNE, 1856.

Dr. Guggenbühl.

UNE VISITE A L'ABENDBERG.

Toutes les infortunes trouvent en France des sympathies; c'est le pays où l'on s'émeut d'enthousiasme. Jamais on n'y oubliera saint Vincent de Paul se dévouant aux enfants abandonnés, l'abbé de l'Épée aux sourds-muets, le duc de Larochefoucault et Haüy, frère du célèbre naturaliste, aux jeunes aveugles etc. Et cependant il existe une classe entière de malheureux que l'habitude traite avec indifférence, qu'on accable de plaisanteries, qui servent souvent de jouets et qui plus tard deviennent un objet d'éloignement et de dégoût.

Ces infortunés sont les crétins et les idiots.

Leur nombre est immense; un dénombrement approximatif en porte le chiffre à plus d'un million en Europe.

Eh bien, ces êtres abandonnés, repoussés, ont trouvé un défenseur qui, touché de leur sort, leur dévoue sa fortune et sa vie entière. Cet homme, c'est le docteur *Guggenbühl* : son courage, ses œuvres font aujourd'hui l'admiration des philantropes du monde entier; et cependant notre France si bienveillante, si généreuse, si avide de nouveautés ignore encore ou à-peu-près les travaux et les bienfaits de ce nouvel ami de l'humanité.

Le hasard fit un jour retentir son nom à mon oreille; e lus un récit imparfait de ses travaux et de ses efforts, et je me décidai à aller lui rendre visite. Je quitte Metz, j'arrive à Bâle, je traverse Berne et le riant lac de Thun et je m'arrête à Interlaken.

Le lendemain, un beau jour du mois d'Août, je prends un guide et je me dirige à cheval vers l'Abendberg. Je quitte la délicieuse vallée d'Interlaken pour prendre un sentier qui me conduit au pied des ruines du château d'Unspunnen, qu'animent encore des souvenirs sauvages et romantiques, et quelquefois les luttes pacifiques des habitants de l'Oberland. Je pénètre dans un bois de hêtres auquel, plus haut, succède une forêt de sapins. Cette végétation magnifique, la fraicheur de l'ombrage, le calme et le silence de ces lieux vous pénètrent d'une douce mélancolie et vous portent à la réflexion.

Après une heure et demie d'une marche ascensionnelle, variée seulement par quelques éclaircies qui permettent d'apercevoir les eaux du lac, on arrive à l'Abendberg.

Alors s'étale tout-à-coup, sous vos yeux étonnés, un panorama merveilleux. A votre gauche s'étend le lac de Thun, où se réflètent les plus hautes montagnes de l'Oberland; devant vous, sous vos pieds, fuient la vallée d'Interlaken et les eaux du lac de Brienz; à votre droite s'élèvent les montagnes imposantes de la Jungfrau, du Mönch, de l'Eigher, éclatantes de blancheur et couvertes de neiges éternelles.

Après avoir subi pendant quelques instants l'émotion irrésistible qu'impriment les grands spectacles de la nature, je reportai les yeux près de moi et je vis les constructions qui forment l'établissement. Elles sont fort simples. A droite est un hangar où sont les fourrages et qui sert d'abri aux animaux. Plus loin est une vaste maison qui vint d'être considérablement agrandie où logent le professeur et tout le personnel de cette charitable institution. Je fus accueilli avec aménité et empressement par une sous-maîtresse parlant parfaitement le français; elle m'introduisit dans un salon où se trouvent réunis des témoignages nombreux d'honneur, de satisfaction et de reconnaissance donnés au docteur Guggenbühl par ses admirateurs ou ses élèves. Après quelques minutes d'attente, le docteur se présente : c'est un homme jeune, de petite taille, à la physionomie douce, bienveillante, sympathique. Il m'invite à voir ses enfants; je m'attendais à trouver des êtres informes, à la face aplatie, à la tête alongée, au cou gonflé par le goître, à rencontrer enfin cet ensemble hideux qu'on s'est plu à créer lorsqu'on parle des cretins.

Je monte, j'entre dans une vaste salle et je suis salué par des chants qu'accompagne un orgue de petite dimension touché par une des institutrices. C'étaient des élèves. J'écoute et j'admire leur docilité, leur attention et la justesse harmonieuse de leurs voix enfantines. Bientôt les chants cessent, et le professeur Guggenbühl se plait à me montrer, avec une rare complaisance, les divers exercices d'instruction auxquels se livrent les jeunes écoliers.

Voici un mathématicien; il sait les règles de l'arithmétique et il me fait l'exposition du système métrique décimal. A côté est un jeune géographe qui parcourt l'Europe en s'arrêtant du doigt à chaque ville indiquée sur la carte. Plus loin, un botaniste me montre sur des planches les fleurs des Alpes.

Chez presque tous l'écriture est correcte, parfaitement régulière. Parmi ces élèves, les uns parlent le français, l'allemand, d'autres l'anglais ou l'italien; quelques-uns comprennent et parlent deux langues.

Après les exercices intellectuels viennent les exercices gymnastiques. C'est merveille de voir l'agilité de plusieurs d'entr'eux; ils ont la force et l'adresse des enfants de leur âge. Il en est d'autres malheureusement qui peuvent à peine marcher, qu'on place sur des machines appropriés à leur faiblesse et qui réclameront pendant longtemps des soins et des secours minutieux. Mais la patience et le dévouement du docteur Guggenbühl vont plus loin encore; il reçoit et il guérit des infortunés que leurs membres ne peuvent soutenir, qui n'ont aucune conscience de leurs besoins, à qui on donne à manger et qu'on fixe sur une chaise disposée de façon à les soustraire aux inconvénients d'une malpropreté repoussante.

Par quels moyens merveilleux le docteur Guggenbühl parvient-il à relever ces malheureux de la dégradation physique et morale où ils sont plongés? C'est ici que sa douceur, son génie se révèlent et le servent admirablement.

Le point de départ repose sur la différence qui existe entre le crétin et l'idiot. Jusqu'alors les données de la science étaient confuses, inexactes, ne fournissant aucun élément d'éducation ni de traitement. Il examine, il étudie et il pose en principes les distinctions suivantes :

Le crétin est un *être complet* dont le développement physique est entravé par les conditions mauvaises dans lesquelles il est né et il vit. Chez lui la vie morale et intellectuelle est paralysée parce que ses organes physiques sont sans force et manquent de ressort.

L'idiot est un *être incomplet*, chez lequel une ou plusieurs parties du cerveau manquent ou ne sont qu'à l'état rudimentaire. Chez lui le développement physique des forces n'est pas en rapport avec la faiblesse de l'intelligence ; on voit souvent des idiots frais, bien portants, ayant de l'embonpoint et une grande énergie musculaire.

Cette distinction n'est pas toujours aussi nettement tracée ; le crétin peut être frappé d'un certain degré d'idiotisme, et l'idiot peut physiquement se rapprocher du crétin. Si je faisais ici un traité didactique, il me faudrait distinguer les variétés du crétinisme, signaler les formes scrophuleuse, hydrocéphalique, décrire le crétinisme congénial et celui qui se développe après la première enfance. Qu'il suffise de dire que les caractères du crétinisme varient suivant l'organisation, selon l'âge, le lieu, l'étroitesse des vallées, la hauteur des montagnes, la composition de l'eau, les conditions de propreté et d'alimentation, et même sous l'influence de causes inconnues : le crétin des Alpes diffère sensiblement de celui des Pyrénées, des Vosges, des montagnes de l'Ecosse, etc.

Ces distinctions bien établies, l'éducation physique et morale en découle naturellement.

Chez l'idiot, le développement physique ne réclame que peu de soins ; quelquefois il n'en demande aucun, si ce n'est de réprimer les appétits voraces et les goûts dépravés.

Chez le crétin, c'est tout le contraire : il faut d'abord s'adresser aux organes physiques, les développer et les soustraire aux causes déprimantes qui ont amené et entretiennent la maladie.

Comment le docteur Guggenbühl conçut-il la pensée de relever les crétins et les idiots de l'abaissement dans lequel les maintiennent les préjugés et l'égoïsme ?

Le hasard, ce levier impuissant pour les êtres vulgaires, mais qui devient le premier mobile des actes généreux chez les âmes d'élite qu'inspire un reflet de la bonté divine; le hasard, dis-je, lui fit rencontrer un jour, sur la route d'Uri, un pauvre crétin prosterné devant une croix et marmottant une prière: il l'examine, l'interroge et se sent ému d'une grande compassion. Dès ce moment, sa vocation fut décidée. Peu de jours après il écrivait à un de ses amis : « Un être en qui peut se » réveiller l'existence de Dieu, est digne de soins et de » sacrifices. Des individus de notre espèce, nos frères » dégénérés ne méritent-ils pas plus d'attention que les » différentes races d'animaux que la société s'occupe à » améliorer et à perfectionner ? »

Guidé par cette sainte pensée, le docteur Guggenbühl entreprend des voyages dans les différentes vallées de la Suisse où les crétins abondent; ses recherches le confirment dans ses prévisions, et il se décide résolument à consacrer à ces malheureux son temps et sa vie, convaincu que les bénédictions du ciel ne tarderont pas à seconder ses efforts persévérants. Dans ce but, il fixe sa demeure dans une vallée du canton de Glaris, et là, en exerçant la médecine, il étudie le crétinisme et les moyens de le guérir.

En moins de deux ans, il acquit la certitude que cette triste maladie est curable, et qu'on parvient au but bien plus facilement qu'il ne l'espérait, lorsqu'on réunit tous les éléments de succès. Dès 1839, il expose son plan aux médecins et aux philantropes de la Suisse : le célèbre Emanuel de Fellenberg l'invite à venir à Hofwyl. Le docteur trouva aussi l'occasion d'étudier la pédagogie.

A cette époque un journal de Berne, guidé par l'envie ou l'ignorance, critique l'entreprise du docteur Guggenbühl. Il lui répond en publiant un excellent mémoire ayant pour titre : *Le christianisme et l'humanité en face du crétinisme en Suisse.* Ce travail obtint les éloges et les encouragements de la Société des naturalistes allemands et de beaucoup de médecins distingués de la Suisse.

Le docteur Guggenbühl se décide alors à fonder à ses frais un établissement réunissant toutes les conditions de bien-être et de salubrité désirables.

De Saussure avait constaté que les crétins n'existent pas dans les hautes vallées; qu'on n'en rencontre plus dans les villages situés à la hauteur de mille à douze cents mètres au-dessus de la mer. C'est à cette grande élévation que le docteur Guggenbühl fixera sa résidence. Il cherche un lieu convenable, et il découvre l'Abendberg, montagne qu'il venait d'acheter du célèbre agronome Kasthoffer, qui voulait y établir une ferme-modèle. En ayant obtenu la cession, il marche avec fermeté vers l'accomplissement de ses projets. Il abandonne Glaris, emportant les regrets des habitants qui ne peuvent s'en séparer; il les console en leur parlant de la sainte mission qu'il s'impose, et il les quitte pour gravir la montagne. Il y construit des habitations en bois, à une hauteur de trois mille pieds au-dessus du niveau de la mer; il y place et entretient à ses frais de malheureux enfants crétins ou idiots. Là, isolé du monde, il commence son œuvre, et il la poursuit depuis quinze ans avec une patience, une abnégation et un dévouement sans exemple.

C'est dans l'hygiène et dans la médecine qu'il puise ses ressources pour combattre les lésions physiques de ses élèves, de ses enfants; oui, de ses enfants, car il est pour tous un père tendre, empressé, dont la sollicitude veille sans repos. Les moyens varient nécessairement selon la gravité des lésions.

L'air pur de l'Abendberg, son eau fraiche, limpide, aérée et suffisamment iodée, offrent déjà deux éléments puissants d'amélioration et de succès. Ajoutez l'exposition à la lumière solaire durant tout le jour et pendant toutes les saisons ; les promenades à pied, ou en voiture pour les enfants incapables de marcher ; une nourriture saine, variée et abondante. Le lait de chèvre est la base de l'alimentation des jeunes enfants ; ce lait a des qualités précieuses qu'il doit aux plantes aromatiques des Alpes. Plus tard, viennent les aliments solides, les viandes rôties, grillées, et un peu de vin coupé d'eau.

Les médicaments varient selon les indications. Au crétinisme rachitique on oppose le phosphate de chaux et l'huile de foie de morue. Contre la faiblesse des membres et l'état de débilité générale, on met en usage les frictions journalières avec des liquides aromatiques et spiritueux ; on donne des bains rendus toniques par une décoction de plantes alpines. Lorsqu'il y a relâchement général des tissus on fait usage d'un appareil électro-magnétique, qu'on fait fonctionner à l'air libre ou pendant que l'enfant est dans le bain.

Le docteur Guggenbühl emploie encore les préparations phosphoriques, iodées ou ferrugineuses. Il administre le sirop de feuilles de noyer, et il se loue beaucoup de celui de proto-iodure de fer, auquel il a reconnu une action et une influence très-heureuses pour relever les forces générales. Quelquefois il soumet la tête des crétins et tout le corps, pendant des nuits entières, à l'action électrique modérée, mais continue, d'appareils galvaniques très-ingénieux. Ces divers moyens contribuent au développement physique et intellectuel. Si le crâne d'un crétin est trop gros, il s'arrête dans sa croissance, et semble attendre que les autres parties du corps aient acquis leur volume normal. S'il est trop petit, il accélère son développement, et l'on a vu des cas où le cerveau a grossi de plus de quatre centimètres dans un an. C'est ainsi que, sous la bienfaisante influence du traitement, tout se perfectionne et s'équilibre.

Il ne faut pas s'attendre, malgré ces retours heureux, à trouver parmi ces enfants les physionomies agréables qu'on rencontre chez les autres sujets de leur âge. Le crâne présente souvent de notables irrégularités de conformation; la vue, l'ouïe sont parfois affaiblies; mais on a constaté qu'un certain nombre de crétins, atteints de mutité, ne sont pas affectés en même temps de surdité, et que plusieurs, au contraire, ont l'ouïe très-fine.

Les applications de la doctrine de Gall, que le docteur Guggenbühl a cherché à faire aux crétins et aux idiots, ne lui ont pas fourni des données très-satisfaisantes. On pouvait prévoir ce résultat, car l'état pathologique change et dénature les conditions physiologiques des organes. Mais les recherches auxquelles il s'est livré, l'ont amené à faire cette observation remarquable touchant la conformation du palais, c'est que, dans l'état normal, la courbe du palais est un plein-cintre, tandis que, chez l'idiot, la voûte du palais s'élève en se rétrécissant et prend la forme ogivale, conformation qu'on doit attribuer à l'atrophie de la base du cerveau. Cette remarque a une importance considérable, puisqu'elle permet d'apprécier de suite l'état intellectuel des sujets soumis à notre observation, et, quelquefois, de les soustraire à des peines très-graves, encourues pour des fautes dont ils n'avaient pas la conscience. C'est ainsi que j'ai eu le bonheur, au mois de septembre dernier, de faire acquitter un idiot menacé de la peine des fers pour avoir brisé ses armes, et d'obtenir, peu de temps après, la remise de la punition d'un autre malheureux qui déjà était condamné par les tribunaux militaires. Plaise au ciel que ce sujet d'étude ne soit point négligé par les magistrats, ni par les médecins !

Dans tous les soins minutieux qu'exigent les petits malades de l'Abendberg, le docteur Guggenbühl se trouve secondé, depuis quelques années, par des dames diaconesses, véritables sœurs de charité, dirigés et soutenues par les sentiments chrétiens les plus purs et les plus admirables. Elles surveillent les enfants, appliquent les remèdes, s'occupent minutieusement de tous leurs besoins physiques ; lorsque ces devoirs sont accomplis, elles réunissent les plus intelligents et leur donnent, avec une patience angélique, les leçons que permettent leur âge et le degré de la guérison.

On ne saurait trop honorer ces dévouements modestes, que l'amour du bien inspire et que la gloire ne récompense jamais, car, si on peut citer les faits, les noms restent inconnus.

Lorsque la constitution de l'enfant s'est améliorée sous l'influence des agents hygiéniques et médicaux, l'éducation intellectuelle commence. Ici encore vont se manifester l'habileté et l'esprit ingénieux du docteur Guggenbühl. Il est important d'abord de bien distinguer les crétins des idiots. Chez les premiers, tous les organes de l'intelligence peuvent exister ; alors leur puissance croît en raison du développement des forces physiques ; chez eux, tout est possible.

Chez les idiots, il y a atrophie et quelquefois absence d'une ou plusieurs portions du cerveau ; par suite, les facultés intellectuelles qui en dépendent sont faibles ou manquent totalement.

Le premier soin, en commençant, est d'apprécier la force de l'intelligence, des instincts et des sentiments moraux. Il faut exciter les organes qui existent, pour qu'ils suppléent à ceux qui font défaut, et arriver, par un exercice soutenu, à développer les facultés qui ne sont qu'à l'état rudimentaire : c'est ainsi que, chez les aveugles, on donne à l'ouïe et au toucher une délicatesse exquise qui nous étonne et nous émerveille, et vient remplacer en partie le sens qui n'existe pas.

La première difficulté à vaincre, est de faire prononcer des sons articulés. Beaucoup de crétins ne font entendre que des hurlements ou une espèce de grognement qui n'a rien de la voix humaine. On commence par leur montrer un objet, on leur en dit le nom, et on leur facilite le son en leur apprenant le mouvement que les lèvres doivent exécuter. Les débuts de cet exercice sont lents, fastidieux ; car les élèves sont inattentifs, et il faut leur répéter indéfiniment la même chose. Quand les premiers obstacles sont surmontés, on leur enseigne les caractères physiques, la valeur ou l'usage des objets qu'on leur a désignés. S'agit-il d'une pièce de monnaie, on la leur présente, on prononce le mot, on la dessine sur une ardoise, et, enfin, on la leur donne dans la main. Veut-on leur faire comprendre l'usage d'un verre, on le leur montre, on le dessine, et, après le leur avoir mis en main, on y verse un peu d'eau qu'on leur fait avaler. Lorsqu'un de ces pauvres enfants parvient à comprendre ce qu'on lui enseigne, sa joie éclate en rires bruyants, en contorsions bizarres, qu'on réprime quelquefois avec peine. Le professeur, satisfait de son élève, le récompense par des caresses, ou par quelques bonbons dont les crétins sont très-friands.

Les sentiments affectueux sont difficiles à faire naître, bien que ces infortunés soient reconnaissants envers les personnes qui les entourent de bons soins : ils évitent de se rapprocher, de se lier entre eux ; ils ont, en outre, une tendance très-prononcée à se mettre en colère pour le plus léger motif.

Lorsque les premiers signes du réveil de l'intelligence se manifestent, le docteur Guggenbühl s'efforce de leur inspirer des sentiments religieux. C'est par la prière que tous les exercices commencent et finissent, et les explications qui se rattachent à la création des plantes, des animaux, à l'élévation des montagnes, se rapportent toujours à Dieu et à sa puissance infinie. Les idées pieuses pénètrent aisément dans l'esprit des crétins, et on les voit souvent prier avec une grande ferveur.

Une difficulté sérieuse est de relier l'attention des élèves par une idée commune. Chacun d'eux, n'écoutant que ses instincts, se livre à des préoccupations individuelles dont on ne le tire qu'avec peine.

Le docteur Guggenbühl emploie avec succès deux moyens pour obtenir le silence et le recueillement. Pendant le jour, on frappe un gong chinois, dont le son éclatant assourdit le tympan, fait taire les conversations et imprime un mouvement d'étonnement. Le professeur saisit cet instant pour commencer la prière, et alors, soit par obéissance, soit par imitation, tous les enfants écoutent la voix de leur maître.

Le soir, le professeur a recours à une autre idée ingénieuse pour fixer l'attention. Il réunit, dans une salle non éclairée, les élèves capables de recevoir les premières notions de lecture, et, sur un tableau noir placé au fond de cette salle, il trace tout-à-coup, à l'aide d'un crayon de phosphore, une des lettres de l'alphabet. La lumière vive étonne les enfants et les force à s'occuper de ce qui se passe devant eux. Ordinairement, la première lettre tracée est un *o*, car cette lettre est la base de plusieurs autres. Il suffit d'ajouter un trait en avant, en haut, en bas, pour faire d'un *o* un *a*, un *b*, un *d*, un *g*, un *q*, un *p*, etc. Cet exercice frappe les yeux, excite l'intelligence, et bientôt la mémoire saisit et retient les objets de l'enseignement.

Mais cette éducation ne marche qu'à pas lents; il faut une patience et une persévérance soutenues pour obtenir les résultats désirés. Enfin, après quatre, cinq, et quelquefois six ans, la constitution physique est changée, les facultés intellectuelles se sont affermies, l'instruction a acquis une solidité et pris des développements inattendus. Les élèves savent parler, lire, écrire; ils possèdent des notions de géographie et d'histoire naturelle; ils peuvent se livrer aux travaux champêtres, entreprendre un métier; enfin, on a vu plusieurs crétins devenir instituteurs de leurs compagnons d'infortune.

Ainsi les efforts constants d'un homme de bien ont transformé en citoyens utiles à la société des êtres pour laquelle ils devaient être un fardeau et un objet de répulsion.

Tant d'efforts et de résultats heureux ne pouvaient rester inaperçus. Des publications écrites en toutes les langues de l'Europe apprirent au monde le nom du docteur Guggenbühl; elles lui révélèrent ses travaux, ses sacrifices et ses succès. On vit alors accourir à l'Abendberg des médecins célèbres de l'Italie, de l'Allemagne, de l'Angleterre, de l'Amérique; des philosophes, des philantropes, des personnages de la plus haute distinction; des princes et des rois même voulurent connaître et apprécier les mérites de cette nouvelle et importante institution. On y constata que depuis un petit nombre d'années, un grand nombre d'enfants ont été admis et traités à l'Abendberg; que sur ce nombre il n'en est mort que six de maladies chroniques et compliquées, que beaucoup ont été totalement guéris ; que la plus grande partie a été sensiblement améliorée au physique et au moral et qu'ils ont pu continuer des études ou se livrer à des travaux utiles.

Les félicitations et les honneurs sont venus trouver le docteur Guggenbühl dans sa retraite ; les sociétés savantes, les académies ont inscrit son nom parmi ceux de leurs membres correspondants, et la Société des sciences médicales du département de la Moselle, entraînée par les sentiments que provoqua le récit verbal que je lui fis au retour de mon voyage, décida à l'unanimité, sur le rapport de M. Maréchal, qu'elle considérait le docteur Guggenbühl comme un des bienfaiteurs de l'humanité et qu'elle lui décernait le diplôme de membre correspondant.

L'exemple donné par le professeur Guggenbühl n'est pas resté stérile : les docteurs Buck, de Hambourg ; Rosch, du Wurtemberg ; Herkenwarth, d'Amsterdam ; Twining, de Londres, firent des efforts pour fonder dans leur pays des établissements destinés aux crétins et aux idiots. Ce dernier médecin lut, en 1845, à Cambridge, dans un meeting, tenu par l'Association britannique, un mémoire pour démontrer la possibilité d'instruire les idiots et les crétins.

Les Etats-Unis d'Amérique ne tardèrent pas à imiter leur mère-patrie. Le docteur Howe, de Boston, après avoir visité les Alpes de l'Oberland et étudié attentivement le système du professeur Guggenbühl a fondé, non loin de la ville qu'il habite, un hospice qui donne des résultats favorables ; il a déjà publié deux rapports qui permettent de fonder de très-belles espérances.

Parmi les visiteurs de l'Abendberg, nous nous empressons de citer le roi de Wurtemberg qui, après s'être assuré des progrès des élèves du professeur Guggenbühl, résolut de fonder un établissement semblable dans son royaume, au milieu des montagnes de la Souabe. Il nomma une commission chargée de constater le nombre approximatif des crétins et des idiots et de désigner le lieu le plus favorable à cette nouvelle institution. En peu de temps la commission découvrit cinq mille de ces êtres infortunés.

Peu de temps après, le roi de Sardaigne, frappé des récits merveilleux qui lui parvenaient touchant l'éducation des crétins, nomma une commission, présidée par le docteur Sella, qui fut chargée d'étudier les faits qui se rattachent à l'établissement de l'Abendberg.

Après s'être entouré de tous les documents et fait un recensement rapide dans les vallées du versant oriental des Alpes, elle découvrit sept mille crétins.

Quelque considérable que puisse paraître le nombre de crétins découverts dans un si petit espace, il est encore loin de répondre à la vérité.

Lorsque Napoléon I fit faire, en 1811, un recensement des crétins existant dans le Valais, alors département du Simplon, on constata dans ce canton plus de trois mille crétins.

Il en est à-peu-près ainsi dans toutes les Alpes, les Pyrénées, les Vosges, partout où il existe des montagnes.

Si on énumère par la pensée le nombre de malheureux que l'enseignement du docteur Guggenbühl est appelé à rendre à la société, en développant leurs facultés physiques et morales, on comprend le mérite de ses efforts et l'importance de ses bienfaits.

Comment se fait-il que la France, si sympathique à toutes les infortunes, n'ait point encore fait d'efforts pour se placer à la hauteur du Wurtemberg, du Piémont, de l'Angleterre et des autres pays? C'est qu'elle ne savait pas qu'il est possible de secourir des êtres considérés comme incurables parce qu'ils sont affaiblis et dégradés par la souffrance.

Mais aujourd'hui que le succès a couronné les efforts d'un homme de bien, on ne tardera pas à voir éclater en faveur des idiots et des crétins des sentiments de bienveillance et de pitié qui sont au fond de tous les cœurs; ils n'y sommeillaient que parce qu'on ignorait toute l'étendue du mal et toute l'efficacité du remède qu'on y peut apporter. Le docteur Guggenbühl a éclairé ce sujet du plus grand jour. A son exemple on verra les établissements philantropiques, et le gouvernement lui-même, prêter leur appui à ces infortunés; et bientôt la France, obéissant à ses nobles inspirations, fondera une institution nouvelle, portant le cachet de grandeur et de générosité qui s'attache à toutes ses œuvres.

(Extrait de *Metz littéraire.*)

De l'imprimerie de C. Rätzer à Berne.

* 9 7 8 2 0 1 3 6 5 2 2 5 4 *